SITZUNGSBERICHTE DER DEUTSCHEN AKADEMIE
DER WISSENSCHAFTEN ZU BERLIN

Klasse für Chemie, Geologie und Biologie
Jahrgang 1962 Nr. 8

IVAN MÁLEK
Mitglied der Akademie der Wissenschaften der ČSSR

DIE BEDEUTUNG DER BIOLOGISCHEN WISSENSCHAFTEN IN DER SOZIALISTISCHEN GESELLSCHAFT

AKADEMIE-VERLAG · BERLIN
1962

Vorgetragen von Hrn. I. **Málek** in der Plenarsitzung am 26. Oktober 1961
Zum Druck genehmigt am gleichen Tage, ausgegeben am 25. 8. 1962

Erschienen im Akademie-Verlag GmbH, Berlin W 8, Leipziger Straße 3—4

Lizenznummer: 202 · 100/442/62
Gesamtherstellung: VEB Druckerei „Thomas Müntzer“ Bad Langensalza
Bestellnummer: 2010/62/II/8 · ES 18 G 1 · Preis: DM 2,30

Bei der Wahl des Themas meines Vortrages ließ ich mich nicht nur davon leiten, daß ich Biologe bin und an der praktischen Arbeit zur Entwicklung der biologischen Wissenschaften in der ČSSR und ihrer Akademie teilnehmen konnte, sondern auch davon, daß ich mit diesem Thema Fragen anschneide, die jeden Wissenschaftler, der seine Wissenschaft zum Wohle der Menschheit betreiben will, interessieren sollten.

Es versteht sich, daß ich auch gern die Gelegenheit wahrnehme, Ihnen einen Überblick über die wichtigsten Arbeitsrichtungen der Biologie unseres Landes zu vermitteln, auf dessen Grundlage sich besser die Möglichkeiten der Entfaltung der konkreten Zusammenarbeit zwischen den Wissenschaftlern der DDR und der ČSSR abzeichnen werden, deren Verwirklichung ein wichtiges Anliegen unseres Besuches ist.

Ich glaube, daß auch die Wissenschaftler der anderen Fachgebiete — der naturwissenschaftlichen und technischen wie auch der gesellschaftlichen — mir zustimmen werden, wenn ich betone, daß die biologischen Wissenschaften und ihre Entwicklung eine besondere Aufmerksamkeit verdienen, die sie erst in der sozialistischen Gesellschaft im notwendigen Maße erhalten können.

Auf eine kurze Formel gebracht, ist das wichtigste Anliegen der sozialistischen Gesellschaft — ebenso wie das der biologischen Wissenschaften —, Bedingungen zu schaffen, daß der Mensch menschlich leben, daß er seine physischen und geistigen Kräfte und Fähigkeiten frei entfalten und zum eigenen Nutzen bestmöglich einsetzen kann.

Daher darf ich hier die These vertreten und diese später an konkreten Beispielen aus einzelnen Bereichen der gesellschaftlichen Geltung der biologischen Wissenschaften begründen, daß eine hinreichend proportionale Entwicklung der biologischen Wissenschaften eine der grundlegenden Gesetzmäßigkeiten der proportionalen Entwicklung der Wissenschaft in der sozialistischen Gesellschaft ist.

Die bedeutende Stellung der biologischen Wissenschaften unter den anderen Disziplinen ist, wie schon oben erwähnt, eine neue Wirklichkeit, die eben nur in der sozialistischen Gesellschaft völlig zur Geltung kommen kann.

In der kapitalistischen Gesellschaft hängt die Förderung der Wissenschaft wesentlich davon ab, in welchem Maße sie unmittelbar zur Erhöhung des kapitalistischen Profits beiträgt. In dieser Gesellschaft können sich daher die biologischen Wissenschaften im Vergleich zu den anderen Disziplinen nur am Rande entwickeln. Selbst innerhalb der biologischen Wissenschaften ist die Entwicklung einzelner Gebiete sehr ungleichmäßig. Auch hier werden im wesentlichen nur die Gebiete gefördert, die große Gewinne tragen, z. B. die Erzeugung der Antibiotika, der Arzneien usw.

Die Ungleichmäßigkeit in der Entwicklung der einzelnen Disziplinen der Wissenschaft ist ein wesentliches Merkmal des Kapitalismus. Es bedarf keiner näheren Erklärung, daß eine ungleichmäßige, mehr oder weniger spontane und darüber hinaus auch noch ungenügende Entwicklung der biologischen Wissenschaften der Menschheit großen Schaden bringt. Denken wir nur an das noch ungelöste Problem der Geschwulstkrankheiten, das seit langem schon in breitester Front hätte bearbeitet werden müssen.

In zunehmendem Maße werden sich dessen auch die Wissenschaftler in den kapitalistischen Ländern bewußt. Gestatten Sie, daß ich hier folgendes aus einem in den USA veröffentlichten Aufsatz „Über gesellschaftliche Aspekte der Wissenschaft"[1]) anführe, in dem die ungleichmäßige Entwicklung der

---

[1]) Social Aspects of Science, Science 125: 143, AAAS, Washington, 1957.

Wissenschaft bewertet und auf die ungenügende Entfaltung der grundlegenden biologischen und gesellschaftlichen Wissenschaften im Kapitalismus hingewiesen wird:

> „Wir kommen in neue Situationen, die auf die Fortschritte der Chemie und Physik gegründet sind, bevor wir ihre entsprechenden Auswirkungen im Leben und in den sozialen Prozessen kennenlernen";

und letzten Endes wird auch übereinstimmend mit meinen Schlußfolgerungen die Ursache dieser Disproportionen angegeben:

> „Es gibt uns ein Bild über die Interessenbereiche und größeren finanziellen Quellen seitens der industriellen und militärischen Organe, welche die Wissenschaft fördern."

Aus einer solchen Stellung der biologischen Wissenschaften in der Gesellschaft ergibt sich, daß sie weder in ihrer Ausrüstung noch bezüglich ihres Umfanges den physikalischen und chemischen Wissenschaften gleichgestellt sind. Wenn wir dabei noch in Betracht ziehen, daß die biologischen Gesetzmäßigkeiten die verwickeltesten und struktural die kompliziertesten sind, begreifen wir, warum so viele der wissenschaftlichen Disziplinen, die auf die Theorie der biologischen Wissenschaften aufbauen und diese in der Praxis anwenden, wie z. B. die Landwirtschaft, zum großen Teil die Medizin, aber auch andere noch immer überwiegend auf der Grundlage empirisch gewonnener Erfahrungen und weniger auf der Grundlage der wissenschaftlichen Erkenntnis des Wesens der Vorgänge, die ihre Grundlage bilden, arbeiten.

Und würden auch Gesetzmäßigkeiten, z. B. der gesunden Ernährung, der bestmöglichen Lebensweise für die Entfaltung der körperlichen und geistigen Kräfte entdeckt, die kapitalistische Gesellschaft könnte sie selbst in ihrem reichsten Lande nicht zur allgemeinen Anwendung bringen.

Man kann das an einem konkreten Beispiel zeigen: Die heute wirksamste Vakzine gegen Poliomyelitis hat zwar der amerikanische Wissenschaftler Sabin erfunden — jedoch wurde ein unentgeltliches Impfen aller Kinder gegen Spinale Kinderlähmung in den sozialistischen Ländern eingeführt. Während zum Beispiel in der Tschechoslowakei die Poliomyelitis nach der Einführung des Impfens in den letzten Jahren völlig verschwunden ist und es sogar schwierig ist, den Virus unter unserer Bevölkerung nachzuweisen, wurde in den kapitalistischen Ländern weder ein pflichtmäßiges Impfen eingeführt noch die Poliomyelitisepidemie zum Stehen gebracht. Dasselbe kann man über jede andere Entdeckung sagen, welche zum Wohl des Menschen beitragen könnte.

Weil die sozialistische Gesellschaft an den Ergebnissen der Wissenschaft und an ihrer Nutzung aus echtem Humanismus heraus interessiert ist, schafft sie auch bestmögliche Bedingungen für die wissenschaftliche Arbeit.

In dieser Gesellschaft ist jedem Wissenschaftler sichtbar, daß die Ergebnisse seiner Arbeit nicht zum Nutzen und zur Bereicherung der einzelnen, sondern zum Wohl aller Menschen angewendet werden. Es gibt keine bessere Verbindung der Ziele und der Aufgabenstellung der Wissenschaft mit dem Ziel und den Aufgaben der gesellschaftlichen Ordnung als im Sozialismus bzw. Kommunismus. Diese Tatsache kommt in den biologischen Wissenschaften und den ihnen verwandten Disziplinen, wie Landwirtschaftswissenschaft und Medizin, markant zum Ausdruck. Dadurch, daß die sozialistische und kommunistische Gesellschaft ihr Ziel in dem Wohl der Menschheit sieht, stellt sie den Biologen Fragen und Aufgaben wie keine Gesellschaft zuvor.

Aber für die biologischen Wissenschaften ergeben sich in unserer Zeit auch völlig neue Möglichkeiten für die Lösung sehr anspruchsvoller Aufgaben. Große methodische Entfaltung, immer wirksamere Anwendung der modernen chemischen, biochemischen, biophysikalischen Methoden, der Methoden der Isotopenforschung, der elektrophysiologischen Methoden usw. ermöglichen uns, die Tätigkeit der einfachsten Bestandteile des lebenden Stoffes zu entdecken, in die Zellen und in ihre Struktur einzudringen sowie auch solche verwickelten biologischen Vorgänge zu lösen, wie z. B. die Tätigkeit der Nervenzellen und des Nervensystems überhaupt.

Von größter Bedeutung für die Entwicklung der Biologie ist auch die Tatsache, daß sich die Biologen der Mehrheit der Länder von den Hemmungen der unmaterialistischen, vitalistischen und anderen unwissenschaftlichen Anschauungen befreit haben und daß sie, besonders in den Ländern des Sozialismus, bewußt die dialektische Methode anwenden.

Ohne diese kann man nicht den komplizierten Funktionsaufbau des lebenden Stoffes und der lebenden Systeme in ihren ständig dynamischen Beziehungen untereinander und zur Umwelt, in der sie sich entwickeln, begreifen und richtig erforschen.

Insbesondere die gegenwärtige grundlegende Aufgabe, die Triebkräfte, die die Lebensvorgänge regeln, zu erforschen, ist unmöglich ohne eine kompromißlose materialistische Anschauung und bewußtes, dialektisches Herantreten an die Problematik.

All dieses, zusammen mit der neuen Geltung der biologischen Wissenschaft in der Gesellschaft, schafft die Vorbedingungen für eine bisher ungeahnte Entwicklung der biologischen Wissenschaften, für grundlegende Entdeckungen und Ergebnisse, auf denen eine große Entfaltung der medizinischen und landwirtschaftlichen Wissenschaften gegründet sein wird.

Die Erörterung dieser Vorbedingungen zeigt uns auch, daß wir Biologen das Glück haben, das Streben unserer wissenschaftlichen Arbeit mit dem edlen Ziel und mit den Aufgaben der sozialistischen und kommunistischen Gesellschaft verbinden zu können und auch, daß wir die größten Möglichkeiten und verbunden damit selbstverständlich auch größte Verantwortung für die Entfaltung der biologischen Wissenschaften haben.

In dieser allgemeinen Einleitung wollte ich Sie mit dem Optimismus und den Grundsätzen bekanntmachen, auf denen bei uns in den letzten Jahren unter der Förderung des ganzen Volkes und unserer Regierung die Entfaltung unserer biologischen Wissenschaften gegründet ist.

Gestatten Sie mir nun, Ihnen in aller Kürze zu schildern, in welchen Richtungen wir diese Entwicklung angebahnt haben und wie wir sie verwirklichen wollen.

Die biologischen Wissenschaften sollen in der Perspektive immer mehr die wissenschaftliche Grundlage für die Entfaltung der landwirtschaftlichen und medizinischen Wissenschaften schaffen. Dieser Anforderung können sie nur dann gerecht werden, wenn sie sich selbst nach einem langfristigen Plan der Grundlagenforschung entwickeln, der auf die Erforschung der Substanz des lebenden Stoffes und seiner Triebkräfte orientiert. Diese Aufgabe ist sehr kompliziert und umfangreich, die Kräfte innerhalb unseres Landes dagegen sind begrenzt.

Um so wichtiger ist es für uns, aus diesem sehr breiten Gebiet einige Schlüsselprobleme zur Bearbeitung auszuwählen, was auch bei der Festlegung der Forschungsrichtungen der Arbeitsstätten unserer Akademie zum Ausdruck kommt.

Die erste Ebene, in welcher die Forschung des lebenden Stoffes entwickelt wird, ist die der *makromolekularen Systeme*, die den lebenden Stoff bilden (Institut für organische Chemie und Biochemie). Hier geht es begreiflicherweise in erster Linie um die Erforschung der Eiweißstoffe. Es wird vor allem ihre chemische Struktur, die Sequenz der Aminosäuren an den Modellen einiger eigenartiger Eiweißstoffe studiert, z. B. an einigen proteolytischen Enzymen, Myoglobin u. a. Das Ziel dieser Arbeiten besteht in der Klärung der Frage, wie sich die Funktion der einzelnen Eiweißstoffe in der Verkettung der Aminosäuren gesetzmäßig widerspiegelt. Diese Arbeit ist besonders in quantitativer Hinsicht sehr anspruchsvoll. Deshalb ist es in diesem Zusammenhang auch notwendig, sich den Fragen einer Automatisierung der analytischen Verfahren zuzuwenden.

Weil die Nukleinsäuren eine Schlüsselstellung in der Synthese der Eiweißstoffe haben, wird auch ihnen große Aufmerksamkeit geschenkt. Es wird ihr Aufbau in normalen und auch bösartigen kranken Geweben und außerdem auch die Einwirkung ihrer Bestandteile, Nukleinbasen und ihrer auf künstliche Weise gewonnenen Analoga untersucht, unter denen wirksame cancerstatische Stoffe gefunden wurden, z. B. das 6-Azauridin, oder auch die in geringen Dosen als Wachstumstimulanzien bei den Pflanzen wirkende Stoffe.

Außer dieses überwiegend analytischen und experimentell-analytischen Weges wird auch die Methode der Synthese der einfacheren Stoffe peptidischer Zusammensetzung wie auch der von Nukleinsäure-Molekülen derivierten Stoffe ausgebaut. Es werden z. B. peptidische Hormone, das Oxytozin und Vasopresin untersucht, insbesondere in der Richtung, wie die Abänderung ihrer Moleküle ihre hormonale Funktion beeinflussen und ändern.

Die zweite Ebene der biologischen Grundlagenforschung bildet die *Zellenforschung*. Da die Mikroorganismenforschung dem Studium der grundlegenden Eigenschaften der Zellen große Möglichkeiten eröffnet, wurde große Aufmerksamkeit der Entwicklung der allgemeinen Mikrobiologie und ihrer Hauptgebiete geschenkt. Man hat das Institut der virologischen Grundlagenforschung in Bratislava ausgebaut und im Biologischen Institut in Prag eine bedeutende Abteilung für die Mikrobiologie errichtet, welche im Jahre 1962 in ein selbständiges Institut der mikrobiologischen Grundlagenforschung umgewandelt werden soll. Als die Hauptfrage dieser Untersuchungen wurde die der Vermehrung der Zellen ausgewählt. Die Vermehrung der Zellen stellt ganz allgemein einen grundlegenden Vorgang dar, sein Wesen ist jedoch noch nicht genügend erforscht. Seine Erforschung würde zweifellos zur tieferen und wirksameren Regelung und Auswertung der Zellvermehrung der Mikroben und höheren Organismen beitragen. Ohne Zweifel kann sie auch zur Aufklärung des Wesens der bösartigen Wucherungen — Vermehrung — beisteuern. Die Vermehrung wird sowohl bei den sich frei vermehrenden Mikroorganismen — bei den Bakterien, Hefezellen, Pilzen u. a. — als auch bei Viren, die sich in Abhängigkeit von den Zellen der höheren Organismen vermehren, untersucht. Dabei versucht man, das Wesen des eigentlichen Teilungsaktes zu enthüllen, wozu die Synthese der Zellhaut und ihre Abhängigkeit von der Zellproteosynthese und dem Innenzellenaufbau usw. untersucht wird. Man erhofft hierbei eine Antwort auf die Frage, warum sich eine Zelle in einem bestimmten Augenblick teilt. Man bewertet den Charakter der durch die Teilung entstandenen Zellen und die Ursachen ihrer regelmäßigen biologischen Ungleichwertigkeit; man untersucht auch den Prozeß des Eindringens der verschiedenen Stoffe in die Zellen.

Der Weg zur Erforschung des Wesens der Zellteilung wird aber nicht nur in der Untersuchung der eigentlichen Teilung, sondern auch in der Erforschung seines Gegensatzes — in der Bildung der Ruheform, z. B. der Bazillensporen — gesucht. Dazu wurde z. B. die Widerstandsfähigkeit der Sporen gegen Strahlung und Wärme erforscht.

Man beschränkt sich dabei jedoch nicht auf die Untersuchung des eigentlichen Aktes der Zellteilung der einzelnen Mikrobenzellen. Es wird vielmehr auch eine umfangreiche Forschung auf die Frage der Vermehrung der Mikrobenpopulationen gerichtet. Auf diesem Gebiet haben besonders die Arbeiten mit kontinuierlichen Durchflußmethoden in den Prager Laboratorien, die zur Weltkoordinierungsarbeitsstätte geworden sind, nicht nur wichtige theoretische Erkenntnisse gebracht, sondern auch eine praktische Anwendung in der Erzeugung des Hefeeiweißstoffes, bei der Untersuchung der Kultivation der grünen Algen usw. ermöglicht.

Wir sind zu der Schlußfolgerung gekommen, daß es erforderlich ist, die statischen Methoden der Kultivation von Mikroorganismen und wahrscheinlich auch von anderen Zellen zu ergänzen und in einigen Fällen ganz durch moderne dynamische kontinuierliche Methoden zu ersetzen, und zwar sowohl in der biochemischen Grundlagenforschung als auch in der Fermentationspraxis, wodurch die Produktivität der Erzeugung bis auf das Zehnfache erhöht werden kann.

Wir sind überzeugt, daß man die Aufklärung eines Gärungsprozesses, ob es sich um die Erzeugung der Zellenbiomase, der Säuren, Enzyme, Antibiotika oder um andere Produkte handelt, vom Standpunkt der modernen automatisierten Produktion nicht als abgeschlossen betrachten kann, solange wir ihn nicht in einen kontinuierlichen Durchflußprozeß umgewandelt haben. Das erfordert, bei jedem einzelnen Prozeß eine gründliche biochemische Erforschung aller Parameter durchzuführen. Dabei wird auch der eingehenden Erforschung des Entstehens einiger Mikrobenprodukte, z. B. der Antibiotika, besondere Aufmerksamkeit geschenkt. Auf der Grundlagenforschung der Biosynthese der Antibiotika und anderer Produkte der Bakterien, Pilze und der Aktinomyzeten ist eine auf die praktische Anwendung in der Produktion gerichtete Forschung, welche im Ressortinstitut für die Antibiotikaforschung konzentriert ist, gegründet.

Die Erfahrungen, die man bei der kontinuierlichen Kultivierung von Mikrobenzellen gewonnen hat, werden auch bei der Kultivierung von höheren Tier- und Pflanzenorganismen verwertet.

Die Fragen der Teilung und Vermehrung der Zellen sind unmittelbar mit den Fragen der Übertragung der erblichen Merkmale an die Nachkommenschaft verbunden. Deshalb werden die Mechanismen der Übertragung von erblichen Eigenschaften und ihrer Veränderungen an den Modellen der Mikrobentransformationen, -transduktionen usw. studiert. Man ist bestrebt, gegenseitige Beziehungen der inneren und äußeren Faktoren bei der Übergabe und Umwandlung der Erblichkeitsinformation aufzuklären. Das Studium dieser Fragen soll die Grundlage für ein tieferes Verständnis der Fragen der Genetik bei den höheren Organismen, die mit einer Veredelung verbunden sind, bilden.

Gleichzeitig wird auch der Prozeß der Zelldifferenzierung in der Entwicklung höherer Organismen, sowohl in der Pflanzenentwicklung als auch in Verbindung mit der Regeneration der einzelnen Zellen und Gewebe der höheren Organismen, untersucht. Besonders eingehend werden dazu mit ganz originellen Methoden der Ursprung der immunologischen Widerstandsfähigkeit und Toleranz gegen fremdartige Zellengewebe erforscht. Auf diesem Wege wird auch eine Methode zur Aufklärung der mit bösartigen Wucherungen und dem Gegenschutz verbundenen Vorgänge gesucht. Diese Forschung wird die Grundlage zu einer eingehenderen Klärung von Fragen der Transplantation der Gewebe und Organe sein.

Außer den grundlegenden Vorgängen der Vermehrung und Differenzierung der Zellen werden auch einige ihrer spezifischen Eigenschaften untersucht. Hier richtet sich die Forschung vor allem auf zwei Fragen. Es sind dies die Reaktionen der Zellen gegen fremdartige Stoffe, wie sie sich in der Bildung von Gegenstoffen äußert, und die Mechanismen des künstlichen und natürlichen Schutzes gegen die Ansteckung. Für diese Forschung hat man auf der Grundlage von Untersuchungen der neugeborenen jungen Tiere sehr aussagekräftige Modelle ausgearbeitet, den Ursprung von sogenannten natürlichen Gegenstoffen nachgewiesen und den Mechanismus der Synthese des als Gegenstoff spezifisch wirkenden Gammaglobulins in Verbindung mit dem bisynthetischen Nukleoproteidensystem aufgeklärt.

Eine zweite so eingehend untersuchte Funktion ist die der Nervenzellen und ihrer Systeme beim Reiz, Abdrosseln und bei der Verwirklichung der bedingten Reflexe. Hierbei werden sowohl die klassischen, elektrophysiologischen und physiologischen als auch biochemischen Methoden angewendet.

In dieser sehr kurzgefaßten Aufzählung versuchte ich, Ihnen die Wege unserer biologischen Grundlagenforschung anzudeuten. Ich habe dabei nur grundlegende Probleme erwähnt. Selbstverständlich wird darüber hinaus eine weitere umfangreiche Forschung ausgeführt, die aber schon enger an einzelne, mehr praktische Applikationen anknüpft.

Dazu möchte ich Ihnen darlegen, wie unsere biologische Grundlagenforschung bemüht ist, *die theoretische Grundlage der landwirtschaftlichen Forschung* zu schaffen bzw. zu verbreitern.

Bei dieser Aufgabenstellung gehen wir vor allem davon aus, daß es im Sozialismus notwendig ist, das Zurückbleiben der Landwirtschaft hinter der Entwicklung der industriellen Produktion schnellstens zu beseitigen. Wir berücksichtigen dabei auch, daß unserem Land eine beschränkte Fläche des landwirtschaftlichen Bodens zur Verfügung steht und wir daher unseren Boden bestmöglich nutzen müssen und für eine stetige Erhöhung der landwirtschaftlichen Produktion zu sorgen haben. Daraus ergibt sich, daß unser Land den Weg der ständigen Intensivierung der landwirtschaftlichen Produktion durch ihre wissenschaftliche Durchdringung beschreiten muß.

Das kann nicht ohne einen entsprechenden ständig zu haltenden Vorsprung der biologischen Wissenschaften vor den aktuellen Möglichkeiten und Bedürfnissen der Landwirtschaft und vor den Erkenntnissen der landwirtschaftlichen Wissenschaft erreicht werden. Im Grunde gibt es vor allem zwei Wege, auf denen wir diese Aufgabe bewältigen können. Der erste besteht darin, daß man die bis zum heutigen Tage überwiegend empirischen Erzeugungsprozesse in wissenschaftlich begründete Prozesse umwandelt, dadurch die Produktion erhöht und gleichzeitig die landwirtschaftliche Produktion von den naturgegebenen Zufälligkeiten weitgehend befreit. Der zweite Weg besteht darin, neue untraditionelle Verfahren der Erzeugung von landwirtschaftlichen Produkten zu suchen, welche die heute geläufigen Verfahren in der landwirtschaftlichen Erzeugung durch das industrielle Produktionsverfahren ergänzen und dadurch auch die Erfahrungen aus der industriellen Produktion in der Landwirtschaft nutzbar machen würden.

Um dieses Ziel zu erreichen, haben wir der Entfaltung einer ganzen Reihe von biologischen Gebieten besondere Aufmerksamkeit geschenkt. So wurde in großem Maße die *Bodenmikrobiologie* entwickelt, wobei außer den Fragen der Fixation des Luftstickstoffes durch die Bodenmikroorganismen und ihre Verwertung in der Praxis insbesondere die Beziehungen zu den Kulturpflanzen in ihrer Rhizosphäre untersucht werden. Es wurde eine Methode der kontinuierlichen analytischen Kultivierung ausgearbeitet, die ein eingehenderes und exakteres Studium, als es mit den bisherigen Methoden möglich war, gestattet. Gleichzeitig wurde in der Praxis die Einwirkung der Sorbenten auf die Bewegung und bessere Ausnutzung der Düngung im Boden geprüft.

Eine zentrale Stellung unter den biologischen Wissenschaften, welche die Entwicklung der landwirtschaftlichen Wissenschaften sichern, nehmen unseres Erachtens die *Pflanzenphysiologie* und die Genetik ein. Hier sind besonders zu nennen die Erforschung von Vorgängen der Fotosynthese und der Möglichkeiten ihrer Intensivierung unter natürlichen wie auch künstlichen Bedingungen, insbesondere in Verbindung mit der Wasserwirtschaft, in deren Regulierung wir einen der grundlegenden Wege zur Befreiung unserer Landwirtschaft von den Zufälligkeiten der Natur sehen. Gleichzeitig werden die Entwicklung der Kulturpflanzen, ihre Schlüsselpunkte und Beeinflussungsmittel studiert. In diesem Zusammenhang wurden der Ökologie, der Biochemie und der Physiologie der Jarowisation, des Befruchtungsvorganges, der Einwirkung von Giberelinen, Kinetin usw. große Aufmerksamkeit geschenkt. Besonders gepflegt wird auch die Physiologie der Obstbäume. Da wir der Meinung sind, daß in der gesunden Ernährung des Menschen das Obst eine immer größere Rolle spielen wird, werden auf der Grundlage einer eingehenden Forschung z. B. über die Knospenansetzung und Ernährung der Obstbäume Wege gesucht, auf denen eine ununterbrochene, nicht intermittierende Fruchtbarkeit der Bäume gesichert werden kann.

Es ist eine selbstverständliche Notwendigkeit, daß man gleichzeitig mit der Frage der Pflanzenphysiologie auch ihre Pathologie und vornehmlich ihre Schutzmöglichkeiten gegen Schädlinge und Krankheiten untersuchen muß. Wegen der außerordentlichen Beeinflussung einer intensiven Wirtschaft durch die Virenkrankheiten machte sich auch ein Studium der Pflanzenviren, ihrer Verbreitung und Übertragung, ihrer Einwirkung auf die Pflanzen sowie ihrer Bekämpfung notwendig. Man untersucht die physiologischen Grundlagen der Herbizideneinwirkungen.

Wir meinen, daß der Hauptweg zur Bekämpfung der Insektenschädlinge in der fortschrittlichen Landwirtschaft nicht die Anwendung der chemischen Mittel sein wird, sondern in der biologischen Bekämpfung liegen wird, weil bei den Insekten leicht eine Widerstandsfähigkeit gegen chemische Mittel entsteht und durch diese in den Kreislauf der Natur fremdartige Stoffe eingeführt werden. Es werden deshalb Fragen der Ökologie, Bionomie und Embryologie des Insektes und der Insektenpopulationen und ihrer Pathologie bearbeitet. Insbesondere werden die verschiedensten Arten der das Insekt angreifenden Faktoren untersucht — Viren, Bakterien, Schimmelarten, Protozoen, Würmer oder Insekten —, und selbstverständlich sucht man auch nach Anwendungsmöglichkeiten in der Praxis. Auf diese Weise wurde erfolgreich die Erzeugung der bazillenartigen Mittel gegen Schmetterlinge (Thurizid) untersucht. In der letzten Zeit wurde auch ein Schimmelpilzpräparat gegen den Kartoffelkäfer gefunden.

Man beginnt auch die *Tierphysiologie* und -genetik zu entwickeln, wo vornehmlich Fragen der Ernährung, der Bildung der wirtschaftlich wichtigen Produkte und der Vermehrung im Blickpunkt stehen.

In der Ernährung der Haustiere wurden im allgemeinen die Tetracyclinen eingeführt, welche entweder auf unsterile Weise in den speziellen Produktionsstätten oder auf geläufige großindustrielle Weise in der Antibiotikaproduktionsstätte erzeugt werden.

Gleichzeitig werden besonders eingehend die Untersuchung der Parasiten, welche den Haustieren schädlich sind, vornehmlich der parasitischen Würmer und Protozoen entwickelt wie auch die Möglichkeiten ihrer Bekämpfung untersucht.

Besondere Aufmerksamkeit wird der *Sicherung der Eiweißstoff-Futtermittel* geschenkt. Es wurde nämlich nachgewiesen, daß die Kohlehydratefuttermittel ökonomisch nur beim Vorhandensein hinreichender Mengen von Eiweißstoffen verwertet werden.

Damit kommen wir zu jenem Teil, wo wir geläufige Verfahren der landwirtschaftlichen Produktion zu ergänzen suchen. Auf Grund der Erfahrungen einiger Produktionsstätten beginnt man, eine große, moderne, kontinuierliche und völlig automatisierte Produktionsstätte zu bauen, zunächst für die Verarbeitung der Melasse und später zur Verwertung der Sulfitablaugen. Damit man der Landwirtschaft hinreichende Mengen von Eiweißstoffen aus der Hefe schon vor der Beendigung des Baues dieses großen Werkes zur Verfügung stellen kann, wurde ein sehr ökonomisches Verfahren zur Erzeugung der flüssigen Hefe aus Melasse oder aus anderen Abfällen ausgearbeitet, welches in kleinen Produktionsstätten eingeführt wurde und mit geringem Kostenaufwand unterhalten wird. Dazu werden stillgelegte kleine landwirtschaftliche Spiritusbrennereien ausgenutzt. Außerdem werden auch neue Produktionsstätten gebaut. Es ist geplant, bis zum nächsten Jahr ein Netz von ungefähr 2000 Produktionsstätten zu errichten, welches mit der Erzeugung von Futterhefe zur Steigerung der Produktion von tierischen Produkten beitragen wird.

Als eine der weiteren Perspektiven der industriellen Erzeugung in der Landwirtschaft prüft man gegenwärtig im Halbbetriebsmaßstab auch die *Erzeugung der grünen Algen.* Die bisherigen Ergebnisse stellen die Möglichkeit in Aussicht, pro ha Anbaufläche jährlich mindestens 20 t der trockenen Algen zu ernten, welche mindestens 50% Eiweißstoffe und darüber hinaus den vollen Vitamin B-Komplex, beträchtliche Mengen Vitamin A und andere nützliche Bestandteile enthalten. Wir nehmen an, daß diese Produktion eine zweckmäßige Ergänzung der laufenden landwirtschaftlichen Produktion, vor allem wegen ihres geringen Flächenanspruchs und der Möglichkeit ihrer vollständigen Automatisierung, sein kann. Wir schließen nicht aus, daß es möglich sein könnte, auf diese Weise billig eine

Quelle von wertvollen Eiweißstoffen auch für die unmittelbare Ernährung des Menschen zu erschließen, was wir z. T. schon in der Praxis erprobt haben.

Dies waren einige Themen aus der Aufgabenstellung unserer biologischen Wissenschaften, an die sich ein ganzes Netz von Arbeitsstellen und Instituten der landwirtschaftlichen Forschung anschließt und deren Bereich sich durch ihre Forschungsstellen bis in die einzelnen Bezirke erweitert.

Jetzt erlauben Sie mir bitte, daß ich darlege, auf welche Art die biologischen Wissenschaften die Weiterentwicklung der *Fürsorge um die Gesundheit der Bevölkerung* in der ČSSR sichern. Bei dieser Aufgabenstellung sind wir von der folgenden Betrachtung ausgegangen. Die biologischen Wissenschaften haben sich in der Geschichte der Gesundheitsfürsorge u. a. dadurch verdient gemacht, daß sie die Erreger der einzelnen Infektionskrankheiten entdeckt und Wege gefunden haben, die Menschen gegen sie durch Erhöhung ihrer Widerstandsfähigkeit zu schützen und zu heilen. Schon heute kann man die Mehrzahl dieser Krankheiten wirksam bekämpfen, insbesondere diejenigen, welche der Menschheit durch vaste Epidemien von Infektionskrankheiten große Verluste beigebracht haben. Heute besteht die reale Möglichkeit, eine ganze Reihe dieser Krankheiten völlig auszumerzen. Wenn sich die Menschheit in ihrem Friedensbestreben vereinigen würde, wäre das keine schwere Aufgabe, und sie wäre in kürzester Zeit lösbar. In den fortgeschrittenen Ländern, vornehmlich in den sozialistischen, wo die Fürsorge um die Gesundheit jedes einzelnen Menschen im Interesse der ganzen Gesellschaft liegt, treten diese Ansteckungskrankheiten bereits heute in den Hintergrund. In unserem Land z. B. hat die Sterblichkeit an Infektionskrankheiten im Vergleich mit der Vorkriegszeit um mehr als das Sechsfache abgenommen. In der Reihenfolge der Todesursachen nehmen bei uns gegenwärtig die Infektionskrankheiten einen der letzten Plätze ein. Die Wissenschaft hat aber in dieser Hinsicht vor der Menschheit noch einige Schulden. Vor allem handelt es sich um bösartige Wucherungen, den Krebs, auf dessen Bekämpfung wir eine verstärkte Forschung in möglichst breiter Front in der ganzen Welt zu richten haben. Schon oben, als ich von der Grundlagenforschung sprach, zeigte ich, wie auch wir auf die Lösung dieser Fragen hinzielen.

Neue Gefahren für die Menschheit sind im Entstehen, vor allem durch radioaktive Strahlung. Daher ist diese Frage auch in unserem Land in den Vordergrund des Interesses gerückt. Das Biophysikalische Institut der Tschechoslowakischen Akademie der Wissenschaften richtet sein Hauptaugenmerk auf die Fragen der Einwirkung von Strahlung auf den lebenden Stoff und auf Untersuchungen der Möglichkeiten eines Gegenschutzes. Die Lösung dieser Frage ist für uns deshalb so wichtig, weil bei dem rapiden Aufschwung der Industrie, der für den Aufbau der materiell-technischen Grundlage des Kommunismus erforderlich ist, eine hinreichende Versorgung unseres Landes mit Energie der Aufbau eines Netzes von Atomkraftwerken notwendig macht.

Obwohl sich daraus interessante Aufgaben ergeben, sehen wir doch die weitere Stufe der Prävention als den Hauptweg der biologischen Forschung, die ihren Vorsprung im Interesse der Fürsorge um die Gesundheit zu sichern hat, an. Für diese Prävention haben wir das Fachwort *„die schaffende Prävention“* eingeführt. Wir sind davon überzeugt, daß zum ersten Mal die sozialistische Ordnung solche Bedingungen schafft, unter denen es nicht nur möglich ist, jeden Menschen vor der Gefährdung, durch Infektionskrankheiten oder andere Krankheiten, vor der Gefährdung in der Arbeit usw. zu schützen, sondern auch solche Vorbedingungen für die gesamte Lebenshaltung und das Arbeitsregime jedes Bürgers von Geburt an bis zum physiologischen Tod zu schaffen, welche zur optimalen Entfaltung der physischen und geistigen Kräfte des Menschen beitragen. Wenn wir diese Aufgabe so auffassen, sehen wir, daß die biologischen und medizinischen Wissenschaften unterdessen keinen ausreichenden Vorsprung haben, um das Regime des Lebens und der Arbeit wissenschaftlich regeln zu können.

Unser hervorragender Biologe JAN EVANGELISTA PURKYNĚ hat im vorigen Jahrhundert die Aufgabe des Arztes folgendermaßen charakterisiert:

> „Das Leben ist nicht nur zu erneuern und auf kurze Zeit zu erhalten, sondern auch vor der Beschädigung zu schützen und *zum Gipfel der bewunderungswürdigen Vollkommenheit und Schönheit zu führen.*"

Und er sagt weiter, daß

> „die Medizin erst dann vollkommen sein wird, wenn sie die Zartheit des menschlichen Organismus kräftigt, den Ansteckungen vorbeugt, vor den Krankheiten zu schützen lernt, damit das Menschenleben glückselig und glänzend bis zu seinem natürlichen Ende verlängert sei."

Wir alle wissen, daß erst unsere sozialistische Ordnung solche Bedingungen schafft, unter denen dieses Ideal für alle verwirklicht werden kann. Dazu müssen wir unvergleichlich mehr von der konkreten Physiologie des Menschen, besonders von der Physiologie des in Entwicklung begriffenen menschlichen Organismus kennen. Eben aus diesem Grunde haben wir in der Forschungsaufgabe, in der wir das Studium dieser Frage konzentriert haben und die wir mit „*gesunde Entwicklung der neuen Generation*" bezeichneten, die Physiologie und vor allem die Entwicklungsphysiologie als zentrale Forschungsrichtungen aufgefaßt, an welche dann weitere spezialisierte Arbeitsstellen der medizinischen, pädiatrischen und pädagogischen Forschung oder auch von der Erforschung der körperlichen Erziehung anknüpfen. Schon während der kurzen Zeit unserer Forschungen auf diesem Gebiete wurden bedeutsame Erkenntnisse erzielt, die z. B. auf die entscheidende Bedeutung der ersten Lebensperiode für die ganze weitere Entwicklung und vornehmlich auch für die Langlebigkeit hinweisen.

Daraus ergibt sich die Notwendigkeit, ihren Untersuchungen große Aufmerksamkeit zu widmen. Hier wird begreiflicherweise auch dem Studium des Optimums der Ernährung, des Maßes und der Form des Bewegungsregimes, der aktiven Ruhepause bei der Arbeit usw. Bedeutung zuerkannt. Besondere Aufmerksamkeit wird auch der Ausbildung der Resistenz gegen Ansteckungen gewidmet. Wir meinen nämlich, daß verbesserte Lebensbedingungen des Menschen auch seine Beziehungen zu krankheitstragenden Faktoren wesentlich verändern werden. Und wir halten es für außerordentlich wichtig, auch diesen Vorgang aktiv zu beeinflussen. Selbstverständlich wissen wir, daß es erforderlich ist, auch den Prozeß der Ausbildung der Abwehrfähigkeit des Organismus gegen fremdartige Einflüsse zu erforschen.

Zur Sicherung eines schönen und gesunden Lebens ist außer dem Gesagten noch eines wünschensert: *dem Menschen eine gesunde, schöne Lebensumgebung zu gewähren.*

Man erkennt sofort, daß damit wieder eine wichtige und sehr umfangreiche Problematik aufgeworfen wird, die sowohl technische als auch wissenschaftliche Fragen umfaßt. Durch die stürmische, ständig weiterschreitende Industrialisierung, durch die Veränderungen der Struktur des Lebens in den Städten und auf dem Lande wird auch das Lebensmilieu des Menschen verändert, was zweifelsohne sehr deutliche Rückwirkungen auf den Menschen haben muß.

Diese schweren Eingriffe in das Milieu des Menschen, die für ihn ungünstigen Veränderungen der Landschaft und der Natur, werden im Kapitalismus als notwendige Begleiterscheinungen der Zivilisation betrachtet. Wir aber wissen, daß es notwendig und in der sozialistischen Gesellschaft auch möglich ist, dem Menschen die Natur so zu erhalten, wie sie seinem gesunden und schönen Leben entspricht. Es reicht dazu jedoch nicht aus, die Natur vor Eingriffe zu schützen, zumal diese z. T. unvermeidbar sind. Man muß sie vielmehr aktiv gestalten. Die aktive Gestaltung der Natur muß, wenn sie ihren Sinn erfüllen soll, nach wissenschaftlichen Gesichtspunkten erfolgen. Sie muß sowohl bei Veränderungen der noch weitgehend unberührten

Landschaft erfolgen als auch die schon bestehenden schonungslosen Eingriffe für den Menschen unschädlich machen.

Es ist selbstverständlich, daß die biologischen Faktoren grundlegende Bestandteile einer gesunden Landschaft sind. Wir stehen daher vor der sehr dringenden und sehr schwierigen Aufgabe, die biologischen Faktoren so kennen und beherrschen zu lernen, daß wir in der Lage sind, uns bei den zu erwartenden stürmischen Veränderungen eine gesunde und biologisch wirksame Natur zu erhalten.

Zur Vorbereitung einer solchen Naturgestaltung wurde ein eingehendes geobotanisches Mappieren unseres Landes durchgeführt. Zur Vorbereitung einer weiteren Etappe wird im nächsten Jahr mit dem Bau einer Anstalt für biologische Landschaftsgestaltung begonnen, die die einzelnen Elemente der biologisch wirksamen Landschaft und ihre Wiederherstellung in undevastierten oder rüde beschädigten Gebieten studieren soll.

Wir wissen, daß es sich dabei um eine schwierige, aber schöne Aufgabe handelt, soll doch ihre Bearbeitung dazu beitragen, daß wir unsere schöne Landschaft unseren Nachkommen trotz der rapiden Industrialisierung in einem noch schöneren Zustande, als wir sie übernommen haben, übergeben können.

Ich legte Ihnen Fragen und Aufgaben dar, die die tschechoslowakischen Biologen als ihren Beitrag zur Schaffung der Grundlagen der kommunistischen Gesellschaft lösen wollen. In der Kürze der Zeit konnte diese Darstellung selbstverständlich nur oberflächlich und nicht erschöpfend sein. Man könnte dem Vorgetragenen noch vieles hinzufügen, z. B. die Aufgaben, welche die Mitarbeiter in den Arbeitsstellen der medizinischen und landwirtschaftlichen Wissenschaften und in den Forschungsstellen der Ministerien und Hochschulen bearbeiten. Auch hätte ich noch mehr auf bereits erzielte Ergebnisse hinweisen können. Ich habe mich aber bewußt auf die allerwichtigsten Aufgaben der Grundlagenforschung beschränkt, um Ihnen die Aspekte zeigen zu können, unter denen wir unsere Aufgaben lösen.

Besonders würde ich mich freuen, wenn mir der Nachweis gelungen sein sollte, daß wir bei der Lösung dieser grundlegenden Aufgaben zugleich auch Fragen lösen, die allmenschliche Bedeutung haben, und daß wir viele dieser Aufgaben — unter ihnen die wichtigsten — nur deshalb mit ganzer Konsequenz lösen können, weil wir in einer sozialistischen, in der Perspektive kommunistischen Gesellschaft leben.

Obwohl ich über die biologischen Wissenschaften sprach, wollte ich doch allgemein darlegen, wie wir unsere wissenschaftliche Arbeit überhaupt entwickeln. Wir lösen grundlegende wissenschaftliche Fragen, ihre Bearbeitung führen wir aber so durch, daß wir neben einem allgemeinwissenschaftlichen Beitrag auch einen entscheidenden Beitrag zur Stärkung des Sozialismus und zum Aufbau der kommunistischen Gesellschaft leisten. Wir Wissenschaftler können uns kein schöneres Ziel denken als das, durch freie, schaffende und wahre Erkenntnis zum Wohl des ganzen Volkes beizutragen.

Wir sind uns selbstverständlich bewußt, daß die Kräfte unseres kleinen Landes für die Lösung der angedeuteten Aufgaben nicht ausreichen. Daher erkennen wir die Notwendigkeit, unsere Anstrengungen bei der Lösung unserer Aufgaben mit denen der Wissenchaftler aller sozialistischen Länder durch eine möglichst wirksame und konkrete Zusammenarbeit zu vereinen.

Unsere Zusammenarbeit mit den sowjetischen Wissenschaftlern hat sich besonders gut entwickelt. Auch mit den Wissenschaftlern Ihres Landes sind wir schon durch eine Zusammenarbeit in den verschiedensten Fragen verbunden. Eine Reihe unserer Wissenschaftler arbeitete in Ihren Instituten und auch umgekehrt haben Mitarbeiter Ihrer Akademie unsere Akademie kennengelernt. Dennoch denke ich, daß wir noch vieles in der Entfaltung der konkreten Zusammenarbeit nachzuholen haben. Unsere Zusammenarbeit bezieht sich bisher noch zu sehr auf einzelne, meist zufällig ausgewählte Aufgaben; sie ist noch nicht genügend systematisch und deshalb auch noch nicht genügend wirksam.

Wenn ich von der Notwendigkeit der Zusammenarbeit der Wissenschaftler der sozialistischen Länder sprach, so schließe ich selbstverständlich eine Zusammenarbeit mit den Wissenschaftlern der kapitalistischen Länder nicht aus. Selbstverständlich ist der Charakter dieser Zusammenarbeit ein anderer.

Auch in den kapitalistischen Ländern arbeiten ehrliche Wissenschaftler, wenn diese auch noch ihre Arbeitsergebnisse meistens ihrer Ordnung als Steuer überlassen müssen.

Wir können und müssen alles Nützliche und Notwendige von ihren Erkenntnissen und Methoden verwenden wie auch sie unsere Ergebnisse verwerten. Darüber hinaus werden diese Beziehungen ihnen oft helfen, der Wahrheit ins Gesicht zu sehen und sich von den gegen unsere Länder gerichteten Lügen und Verleumdungen zu befreien.

Unsere Zusammenarbeit mit den Wissenschaftlern der sozialistischen Länder ist dagegen eine bedeutend tiefere. Uns vereinigt ein Ziel, derselbe Weg und eine gemeinsame, schöne Aufgabe. Je mehr wir unsere Anstrengungen vereinen, desto schneller und gründlicher werden wir sie lösen und desto größer wird der Nutzen sein, den nicht nur unsere sozialistischen Länder sondern auch die gesamte Menschheit daraus ziehen wird. Deshalb müssen wir alles tun, um noch besser und wirksamer zusammenzuarbeiten.

Auf dem XXII. Parteitag der KPdSU und in dem Programm des Aufbaus des Kommunismus wurden den Wissenschaftlern große Aufgaben gestellt und die Bedeutung der Wissenschaft für die weitere Entwicklung unserer Gesellschaft nachdrücklich hervorgehoben. Um so mehr müssen wir bestrebt sein, durch gemeinsame Arbeit zum ständig glücklicheren und freudevollen Leben des Menschen beizutragen

Bei Fragen zur Produktsicherheit wenden Sie sich bitte an:
If you have any questions regarding product safety,
please contact:

Walter de Gruyter GmbH
Genthiner Straße 13
10785 Berlin
productsafety@degruyterbrill.com